독도는 우리나라 가장 동쪽에 있는 영토란다.
배로 한참을 가야 만날 수 있는 독도는
신비롭고 아름다운 화산섬이지.
우리 땅 독도에 관한 모든 것! 들어 보겠니?

나의 첫 지리책 7

두근두근 독도 여행

소중한 우리 땅 독도

최재희 글 | 다나 그림

그래, 네 말대로 확실히 느낌이 다르단다.
예전에 갔던 황해에는 섬이 정말 많았지?
바다 색깔도 살짝 누런빛이었고 말이야.
하지만 동해는 섬을 찾아보기 힘들고,
색깔이 훨씬 짙고 푸르지.

아빠! 동해와 황해는 같은 바다인데, 왜 이렇게 느낌이 달라요?

아, 그건 탄생의 비밀이 달라서야. 황해가 부드럽게 가라앉은 모양의 땅에 서서히 물이 차오르면서 만들어진 바다라면, 동해는 땅이 크게 갈라지면서 그 틈으로 태평양의 바닷물이 밀려 들어와 만들어졌거든.

하하. 그래! 저게 바로 울릉도란다.
이런 망망대해에서 갑자기 울릉도가 나타나니
정말 반갑지?

네! 마치 사막에서 오아시스를 만난 기분이에요!
울릉도는 어째서 이렇게 먼바다에 생겼나요?

울릉도

그건 화산 폭발 때문이야.
울릉도는 실은 거대한 화산의 정상 부분이
바닷물 위로 드러나면서 만들어진 섬이거든.
예전에 아빠와 책을 읽다가 공부했던
'빙산의 일각'이라는 표현 기억하니?
바다 위로 드러난 빙하보다
훨씬 큰 빙하가 바다 아래에 있다는 뜻이지.

독도

울릉도와 독도가 그렇단다.
수면 위로 드러난 섬의 크기보다
훨씬 큰 화산체가 수면 아래에 숨어 있거든.
저기 울릉도의 생김새를 잘 보렴.
어떠니? 뾰족뾰족 산의 정상처럼 생겼지?

여기 울릉도 지도를 보렴.

울릉도는 해안을 따라서만 도로가 나 있지.

섬 전체가 가파른 산이어서

섬을 가로지르는 도로를 놓을 수 없었기 때문이야.

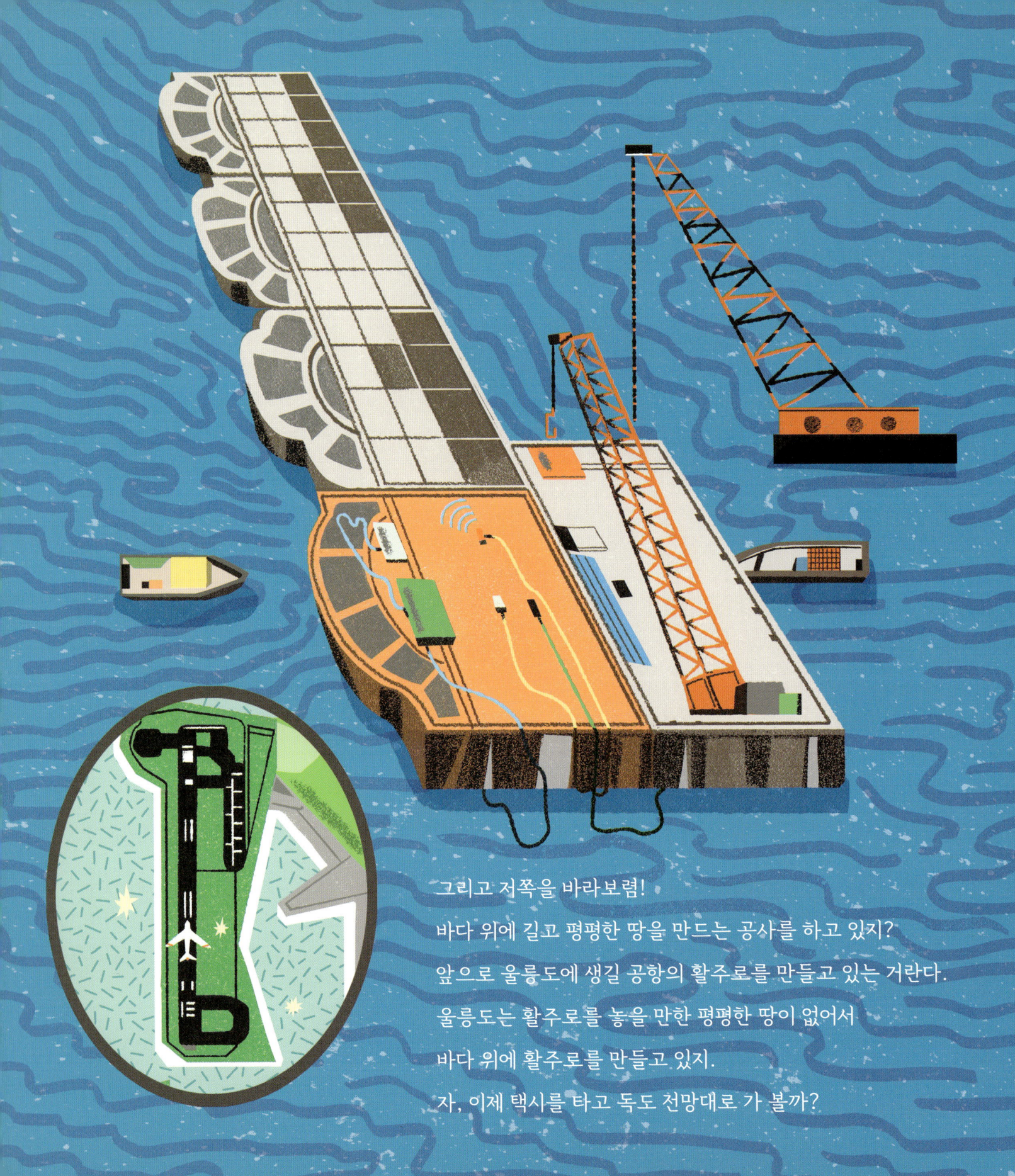

그리고 저쪽을 바라보렴!
바다 위에 길고 평평한 땅을 만드는 공사를 하고 있지?
앞으로 울릉도에 생길 공항의 활주로를 만들고 있는 거란다.
울릉도는 활주로를 놓을 만한 평평한 땅이 없어서
바다 위에 활주로를 만들고 있지.
자, 이제 택시를 타고 독도 전망대로 가 볼까?

자, 여기가 독도 전망대란다.

예상대로 독도가 선명하게 잘 보이는구나.

저 멀리 수평선에 떠 있는 모자처럼 생긴 섬!

바로 내일 우리가 찾아갈 독도란다.

전망대로부터 독도는 87.4킬로미터 떨어져 있지.

그래서 오늘처럼 맑고 쾌청한 날에는

독도를 직접 눈으로 볼 수 있단다.

와! 저게 정말 독도예요?
생각했던 것보다 훨씬 선명하게 보여요.

그렇단다. 두 눈으로 똑똑히 볼 수 있는 섬!
독도가 우리 땅일 수밖에 없는 이유란다.
우리 선조들은 이미 오래전부터
독도를 자유롭게 드나들었거든.
가장 동쪽에 있는 우리 땅!
내일이면 드디어 독도를 만나겠구나.

아빠, 울릉도에서부터 독도까지는 얼마나 걸리나요?
그리고 정말로 독도를 걸어 볼 수 있나요?

독도까지는 배로 한 시간 반 정도 걸린단다.
독도 주변은 파도가 거칠어 배를 댈 수 있는 날이 많지 않은데,
오늘은 날씨가 좋아서 가능하다고 하는구나.
이번 여행은 정말 운이 좋은걸?

독도의 주소는
'경상북도 울릉군 울릉읍 독도리'야.
독도는 아름다운 화산의 모습을 간직하고 있어서
우리나라 천연기념물 제336호로도 지정되어 있단다.
독도는 우리 선조가 오래전부터 드나들었던
명명백백한 우리 땅이지.

그런데 1910년, 우리나라는 일본에게 강제로
나라를 빼앗겼단다. 그때부터 일본은
독도를 빼앗을 기회를 호시탐탐 노리고 있지.
일본의 지배를 받았던 35년 동안
우리나라는 독립적인 나라로 인정받지 못했단다.
나라를 잃은 아주 절망적인 시기였지.
힘든 시간을 지나 1945년, 나라를 되찾으면서부터
우리는 독도를 한결같은 마음으로 지켜 오고 있단다.

일본이 독도를 자기 땅이라고 우기는 가장 중요한 까닭은
지도를 보면 금방 알 수 있어. 여기 스마트 지도를 보렴.
우리나라와 일본이 모두 보이도록 지도의 크기를 조정해 볼게.
자, 어떠니? 점으로 작게 보이는 독도는
육지에서 아주 멀리 떨어져 있지.

흥미로운 건, 독도가 육지에서 멀리 떨어져 있어서
더욱 중요하게 여겨진다는 거야.
오늘날 바다는 무역을 위한 배가 오가는 핵심 공간이자,
해군이 머물 수 있는 군사 기지로도 활용되지.
그런 점에서 동해 한가운데 위치한 독도는
누구라도 탐낼 만한 섬이 되었단다.

아빠도 네 마음을 충분히 이해한단다.
자, 지금부터는 색다른 이야기를 조금 더 나눠 볼까?
바로 '우리 바다' 이야기!

혹시 어디부터 어디까지가 우리 바다일지 생각해 본 적 있니?

아니요!
아빠 말씀은 바다도 주인이 있다는 거죠?
음, 바다에는 선을 그릴 수 없는데,
어떻게 주인을 결정할 수 있어요?

네 말대로 눈에 보이는 선을 그을 수는 없겠지?
그래서 세계 여러 나라는 어떻게 자기 나라의 바다를
표시할 수 있을지 머리를 맞대고 고민했단다.
오랜 고민 끝에 세계 여러 나라는 이렇게 약속했어.
자기 나라의 바다는 해안선에서부터 시작해
약 22킬로미터 떨어진 곳까지라고 말이야.

네가 더 잘 이해할 수 있도록
동해에 속한 우리 바다의 범위를
아빠가 지도에 그려 볼게.
동해안은 이렇게, 울릉도와 독도는 이렇게!
어떠니? 육지와 멀리 떨어져 있는
울릉도와 독도는 섬의 해안선을 따라
우리 바다가 동그랗게 그려지겠지?

그래, 선 바깥의 나머지 바다는 우리 바다가 아니란다.
그래서 우리나라 법으로 다스릴 수 없고,
우리나라에게 허락을 받지 않고도
다른 나라의 배가 자유롭게 오갈 수 있지.
하지만 영해 밖에도 우리나라가
특별한 권리를 주장할 수 있는 바다가 있어.

우리나라 해안선으로부터
약 370킬로미터까지의 바다에서는
물고기를 잡거나 자원을 찾거나 하는 등의
돈을 벌 수 있는 활동을 할 수 있거든.
문제는 이렇게 넓은 바다의 범위를 그리면,
일본에서도 같은 방법으로 그린 바다와
겹치는 부분이 생긴다는 거야.
그래서 우리와 가까이 있는 일본과는
함께 물고기를 잡는 바다를 두기로 약속했단다.

그러니까 우리 바다는 아니지만,
우리나라 사람들만 물고기를 잡을 수 있는 바다와
이웃 나라와 함께 물고기를 잡을 수 있는 바다가 있다는 거네요!
그러고 보니 어젯밤 울릉도 숙소에서 봤던
밤바다 위 고기잡이배들이 떠올라요.

그래, 어두운 밤을 환하게 밝히며 떠 있던 많은 배들!
바로 울릉도의 영해 바깥에서 물고기를 잡는 배들이었단다.
눈에 보이지는 않지만
우리 바다가 얼마나 소중한지 알겠지?

우아! 아빠! 저기 독도예요!
가슴이 두근거려요!

이야, 독도다, 독도!
동해 한가운데 늠름하게 우뚝 선 독도!

동도와 서도가 마치 형과 아우처럼
다정해 보이는구나.
독도 주변으로 무수히 많은 작은 섬과
돌기둥이 마치 독도를 감싸는
호위무사처럼 보이고 말이야.
독도는 여전히 멋지고 아름답구나.

지오야, 독도에 두 발을 내디딘 기분이 어떠니?

말로 표현하기 힘든 기분이에요!
누군가에게 막 자랑하고 싶을 정도로요. 헤헤.
아빠, 우리 독도에서 사진과 동영상을 많이 찍어요.
집에 돌아가서도 두고두고 보고 싶거든요!

하하! 물론이지.
아빠가 그럴 줄 알고 좋은 카메라를 챙겨 왔단다.
지리적으로 멀리 떨어져 있지만
너와 아빠의 마음은 지금처럼 늘 독도와 함께일 거야.
우리 소중한 영토인 독도에게 사랑한다고 외쳐 볼까?
하나, 둘, 셋!

독도야 사랑해!

나의 첫 지리 여행

아름다운 울릉도와 독도

나리분지

분지는 주변이 산으로 둘러싸여 있어 움푹 팬 그릇처럼 생겼어요.

우리나라에는 정말 분지가 많은데, 울릉도에도 분지가 있답니다.

바로 나리분지예요. 이름이 참 예쁘지요?

울릉도에 살던 선조들이 '섬말나리'라는 풀을 캐 먹었다고 해서 붙은 이름이지요.

경사가 매우 가파른 울릉도에서 유일하게 평평한 나리분지는

화산 폭발 때문에 생겨났어요. 거대한 화산이 폭발하고 구멍이 뚫린 곳에

수많은 화산 물질이 쌓여 평평해진 땅이 바로 나리분지랍니다.

안용복 기념관

조선 시대 어부였던 안용복은
호시탐탐 울릉도와 독도를 노리는 일본에
용감하게 맞섰습니다.
울릉도에 있는 안용복 기념관에 가면
안용복의 활약을 비롯하여 독도를 둘러싼
우리 역사에 대해 자세히 알 수 있답니다.

독도 종합 정보 시스템

사실 동해안에서도 한참이나 멀리 떨어진 독도를
직접 찾아가는 건 쉽지 않은 일이지요.
그렇다면 독도를 집에서 쉽게 만날 수 있는 방법이 있습니다.
인터넷에서 '독도 종합 정보 시스템'을
검색하고 방문해 보세요.
우리나라 정부에서 운영 중인 웹사이트로
독도에 대한 다양한 정보를 제공하고 있습니다.
독도의 자연환경부터 그곳에 사는 동식물들,
근처 바닷속의 모습까지 두루두루 관찰할 수 있답니다.

독도에 사는 괭이갈매기

독도 종합 정보 시스템 ▼ www.dokdo.re.kr

우리 영토, 독도의 중요성

우리 영토 독도는 육지에서 멀리 떨어진 섬입니다.
먼바다에 있는 영토는 넓은 동해를 관리할 수 있는 좋은 자리입니다.
스마트 지도나 지구본에서 독도의 위치를 찾아보세요.
그럼 대한민국, 일본, 러시아가 둘러싸고 있는 바다인 동해와
그 동해 한가운데에 있는 독도의 특별한 위치를 알 수 있답니다.
육지와 멀리 떨어져 있지만, 그래서 더욱 중요한 곳!
그곳이 바로 독도입니다.

그럼 이번에는 미국의 50번째 주인 하와이를 지도에서 찾아보세요.
태평양의 한가운데 자리한 섬인 하와이는 관광지로도 유명하지만,
미국엔 없어서는 안 될 남다른 군사적 의미를 갖습니다.
본토인 아메리카 대륙에서 멀리 떨어져 있지만, 그래서 더 가치가 높은 곳!
세계 지도를 펼친 김에 바다 한가운데 있는
세계의 여러 섬을 찾아보면 어떨까요?
숨은 보물찾기를 하듯 다양한 크기와 모양의 섬을 살펴보세요.

하와이

글 최재희

서울 휘문고등학교 지리 교사입니다. 좋은 글을 쓰는 데 관심이 많습니다. 지은 책으로 《스포츠로 만나는 지리》, 《복잡한 세계를 읽는 지리 사고력 수업》, 《바다거북은 어디로 가야 할까?》, 《이야기 한국지리》, 《이야기 세계지리》, 《스타벅스 지리 여행》 등이 있습니다.

그림 다나

다양한 이야기를 읽고 그 순간을 그림으로 풀어내는 작업을 하고 있습니다. 그림이 좋아 뉴욕에서 일러스트레이션을 공부했고, 출판 및 광고 등 다양한 분야에서 일러스트레이터로 활동하고 있습니다. 그린 책으로 《거짓말의 색깔》, 《마음먹은 고양이》, 《범고래 씨 인터뷰》 등이 있습니다.

나의 첫 지리책 7 – 두근두근 독도 여행

1판 1쇄 발행일 2025년 3월 31일

글 최재희 | **그림** 다나 | **발행인** 김학원 | **편집** 이주은 | **디자인** 기하늘
저자·독자 서비스 humanist@humanistbooks.com | **용지** 화인페이퍼 | **인쇄** 삼조인쇄 | **제본** 다인바인텍
발행처 휴먼어린이 | **출판등록** 제313-2006-000161호(2006년 7월 31일) | **주소** (03991) 서울시 마포구 동교로23길 76(연남동)
전화 02-335-4422 | **팩스** 02-334-3427 | **홈페이지** www.humanistbooks.com
사진 출처 나리분지 ⓒ 경상북도 울릉군 / 공공누리 제1유형
안용복 기념관 ⓒ 경상북도 울릉군 / 공공누리 제1유형

글 ⓒ 최재희, 2025 그림 ⓒ 다나, 2025
ISBN 978-89-6591-602-4 74980
ISBN 978-89-6591-592-8 74980(세트)

- 이 책은 저작권법에 따라 보호받는 저작물이므로 무단 전재와 무단 복제를 금합니다.
- 이 책의 전부 또는 일부를 이용하려면 반드시 저작권자와 휴먼어린이 출판사의 동의를 받아야 합니다.

사용연령 6세 이상 종이에 베이거나 긁히지 않도록 조심하세요. 책 모서리가 날카로우니 던지거나 떨어뜨리지 마세요.